Antonio Alberto Vela Avila
Julio Cesar Canul Ek
Jose Lazcano Pacheco

Diagnostico Energetico

Antonio Alberto Vela Avila
Julio Cesar Canul Ek
Jose Lazcano Pacheco

Diagnostico Energetico

Teoria y realizacion de un diagnostico energetico

Editorial Académica Española

Imprint

Any brand names and product names mentioned in this book are subject to trademark, brand or patent protection and are trademarks or registered trademarks of their respective holders. The use of brand names, product names, common names, trade names, product descriptions etc. even without a particular marking in this work is in no way to be construed to mean that such names may be regarded as unrestricted in respect of trademark and brand protection legislation and could thus be used by anyone.

Cover image: www.ingimage.com

Publisher:
Editorial Académica Española
is a trademark of
Dodo Books Indian Ocean Ltd. and OmniScriptum S.R.L publishing group

120 High Road, East Finchley, London, N2 9ED, United Kingdom
Str. Armeneasca 28/1, office 1, Chisinau MD-2012, Republic of Moldova, Europe
Printed at: see last page
ISBN: 978-620-2-11469-1

AGRADECIMIENTOS

Los autores agradecemos al **Tecnológico Nacional de México** por darnos la oportunidad de formar integralmente profesionales competitivos de la ciencia, la tecnología y otras áreas de conocimiento, comprometidos con el desarrollo económico, social, cultural y con la sustentabilidad del país. De igual manera, agradecemos al **Tecnológico de Campeche** por ayudarnos a materializar nuestros esfuerzos en producción de capital humano de calidad.

La técnica en provincia engrandece la nación

RESUMEN

El presente documento representa el trabajo realizado en la empresa INERCI del estado de Campeche, México en donde se realizaron diagnósticos energéticos en años anteriores a esta publicación

Aquí se muestra los conceptos básicos de los tipos de diagnóstico energéticos, los procedimientos y metodología así como los resultados obtenidos del análisis de una empresa maquiladora. En donde se analizaron datos y parámetros se proponen además sugerencias a la empresa

Contenido

INDICE DE TABLAS

INTRODUCCIÓN

La constante mejora tecnológica de los equipos de medición de energía eléctrica nos exige que conozcamos las mejoras de nuestras herramientas de trabajo para dar una mejor a tención a nuestros clientes.

La electricidad es uno de los energéticos más utilizados en los hogares mexicanos. Se emplea principalmente para aire acondicionado, refrigeración, iluminación y en aparatos electrodomésticos diversos. Cada bimestre, el recibo de Luz impacta fuertemente nuestro bolsillo.

Como se pretende obtener la disminución del consumo, mediante la medición de energía de los equipos instalados en el área de estudio, los índices que permitan realizar un diagnóstico energético y con base en ello determinar tanto el estado actual de consume respecto a la carga nominal, así como también determinar posibles focos de ahorro de energía, determinando las anomalías presentadas por el sistema, para formular medidas a corto, mediano y largo plazo.

En términos generales, el uso eficiente de energía eléctrica significa obtener mejores resultados de producción con menos recursos, lo cual se traducirá en menores costos de manufactura, más productos con menos desperdicios y bajos consumos de energía.

Los clientes empresariales requieren asesoría acerca de la medición de sus servicios, por lo cual los diagnósticos energéticos ya no se limitan a la asesoría en el ahorro de energía, sino que incluyen también información de su facturación y por lo consiguiente de su medición.

JUSTIFICACIÓN

Cuando deseamos determinar las posibilidades de ahorro de una instalación eléctrica es necesario de un diagnóstico.

Según Neagu Bratu y Eduardo Campero (1995), por diagnostico se entiende una inspección que permita precisar el estado físico de una instalación y que proporcione información relativa a la eficiencia con que se transporta y convierte la energía eléctrica. Al mismo tiempo debe ayudar a determinar mejores opciones de operación.

El diagnóstico, deberá asegurar, que en una instalación eléctrica, se distribuya la energía eléctrica a los equipos conectados de una manera segura y eficiente, uno de los mayores problemas en instalaciones en la industria y el hogar es la perdida de energía. Esto se ve reflejado en la economía.

Al proporcionar información adecuada, ayuda a una mejor gestión de energía, esto significa que se consumirá la energía necesaria, en el sentido que represente un menor costo, sin embargo, este no debe afectar la seguridad, volumen de producción o la calidad del producto o servicio. Ahorrar energía significa reducir su consumo consiguiendo los mismos resultados, obtenidos con mayor energía eléctrica.

OBJETIVOS

- Verificar que la instalación sea segura y no represente riesgos para los usuarios ni para los equipos que alimenta o que se encuentren cerca.

- Identificar problemas que causen una baja eficiencia, esto con el fin de evitar consumos innecesarios.

- Elaborar medidas técnicas de acuerdo con los datos obtenidos de una inspección previa.

- Implementar las medidas técnicas elaboradas, que ayuden a la gestión de energía de manera adecuada, estas sin afectar el volumen de producción o la calidad del producto o servicio para la cual este designado.

GENERALIDADES

De la empresa.

Datos de la empresa.

Razón social: INERCI.

Domicilio. CONOCIDO

Teléfono: 981 688 5543

Antecedentes.

El servicio al cliente es prioridad para la empresa, por lo que se utiliza la tecnología para ser más eficiente, y se continúa la expansión del servicio, aprovechando las mejores tecnologías para brindar el servicio aún en zonas remotas y comunidades dispersas.

INERCI es una empresa dedicada a instalaciones eléctricas a empresas de la localidad, y mantiene integrados todos los procesos del servicio eléctrico.

Misión.

Prestar el servicio público de energía eléctrica con criterios de suficiencia, competitividad y sustentabilidad, comprometidos con la satisfacción de los clientes, con el desarrollo del país y con la preservación del medio ambiente.

Visión.

VISIÓN AL 2030

Ser una empresa de energía, de las mejores en el sector eléctrico a nivel mundial, con presencia internacional, fortaleza financiera e ingresos adicionales por servicios relacionados con su capital intelectual e infraestructura física y comercial.

Una empresa reconocida por su atención al cliente, competitividad, transparencia, calidad en el servicio, capacidad de su personal, vanguardia tecnológica y aplicación de criterios de desarrollo sustentable.

CAPITULO I DESCRIPCIÓN Y ANÁLISIS DE UN DIAGNOSTICO ENERGÉTICO.

1.1. NIVELES DE ESTUDIO

Un diagnostico energético es la aplicación de un conjunto de técnicas que permiten determinar el grado de eficiencia con la que es utilizada la energía. A fin de determinar áreas de oportunidad y potenciales de ahorro por tipo de medida, evaluando su rentabilidad. Existen 3 niveles de diagnósticos a continuación detallados.

1.1.1. Diagnostico energético 1er nivel.

Su principal objetivo es la obtención de un balance global de energía y potenciales de ahorro que no requieren inversión, se enfoca en dar capacitación a los usuarios para tener un cambio de hábito que conlleva a un ahorro de energía, puede llegar hacer un control de luminarias utilizándolas solo en caso de ser necesarias, apagados de motores cuando trabajen en un vacío sin ningún beneficio, control de aires acondicionados para uso programado, etc.

Este nivel consiste en:

1. Recopilación de información.
    - Consumos de energía.
    - Niveles de producción
    - Principales equipos.

2. Recorrido por las instalaciones, inspección visual y revisión de equipos consumidores.

3. Determinar potenciales de ahorro de energía.

4. Proporcionar recomendaciones:
    - Eliminación de desperdicios.
    - Adecuada operación de equipos y sistemas.
    - Cambio de hábitos del personal.
5. Se presentan proyectos con nula o muy baja inversión (1 a 6 meses).

6. Implementación de medidas de ahorro.

En este diagnóstico no se es necesario un análisis a profundidad en el uso de energía, se debe proponer medidas de implementación que deben ser de forma inmediata.

1.1.2. Diagnostico energético 2do nivel.

Con este nivel se deben obtener balances específicos de energía, de igual forma potenciales de ahorro de energías con o sin inversión, los cuales serán aplicados al proceso.

Se efectuará una evaluación de la eficiencia energética en áreas y equipos intensivos que estén involucrados.

Este proceso requiere de un análisis detallado del historial de consumo en donde intervienen los equipos de operación, se es necesario conocer el proceso que maneja la empresa y cuáles son sus consumos específicos de energía, estos no deben de suponerse, por tal motivo es necesario tener una medición precisa con instrumentos adecuados.

Este nivel consiste en:

1. Análisis de los aspectos energéticos, en equipos y sistemas principales como auxiliares.
   - Consumo
   - Producción
   - Facturación

2. Mediciones eléctricas
   - Analizador
   - Multímetros
   - Luxómetro
   - Medidor de flujo

3. Determinación del potencial de ahorro de energía.
   - Balances energéticos
   - Estimación de eficiencias
   - Identificación de nuevas tecnologías.

4. Análisis técnico-económico de las medidas

5. Clasificar proyectos a corto y mediano plazo (de 7 meses a 3 años de recuperación)

6. Selección de proyectos a realizar:
   - Relación costo beneficio.

7. Implementación de medidas de ahorro.

1.1.3. Diagnostico energético 3er nivel.

En este nivel es necesario de un análisis exhaustivo de las condiciones de operación y las bases de diseño de una instalación, empleando equipo especializado en medición y control.

Requiere de información completa de los flujos de materiales, combustibles, energía eléctrica, de igual forma variables de presión temperatura y las propiedades de las diferentes sustancias y/o corrientes con las que trabaje el proceso.

Las medidas técnicas generadas en este proceso suelen ser de mediano a largo plazo, implican modificaciones a equipos, procesos y a las tecnologías empleadas.

Este nivel consiste en:

1. Análisis exhaustivo de proceso.
   - Cambio de costumbres operativas.
   - Eliminación o cambio de turnos.

2. Identificación de tecnologías de punta que sustituirá a la anterior.

3. Análisis de factibilidad técnica y rentabilidad económica.

4. Se presentan proyectos con niveles de inversión elevados (recuperación de la inversión de 3 años en adelante)

5. Presentación de los proyectos a los niveles directivos.

6. Autorización y mecánica de financiamiento

7. Puesta en marcha de proyectos.

1.2. ANÁLISIS DE LA FACTURA ELÉCTRICA E INTERPRETACION DE TARIFAS.

Las tarifas de energía eléctrica son las disposiciones específicas que contienen las cuotas y condiciones que rigen para los suministros de energía eléctrica agrupados en cada clase de servicio

1.2.1. Tarifa eléctrica

Las tarifas se identifican oficialmente por su número y/o letra(s) y solo en los casos en que sea preciso complementar la denominación.

Tabla 1 Descripción de las diferentes Tarifas

IDENTIFICACIÓN	TÍTULO
01	Servicio doméstico
1ª	Servicio doméstico para localidades con temperaturas mínima en verano de 25 grados centígrados
1B	Servicio doméstico para localidades con temperatura mínima en verano de 28 grados centígrados
1C	Servicio doméstico para localidades con temperatura mínima en verano de 30 grados centígrados
1D	Servicio doméstico para localidades con temperatura mínima en verano de 31 grados centígrados
1E	Servicio doméstico para localidades con temperatura mínima en verano de 32 grados centígrados
02	Servicio general hasta 25 KW de demanda
03	Servicio general para más de 25 KW de demanda
05 y 05ª	Servicio para alumbrado público
06	Servicio para bombeo de aguas potables o negras de servicio público
07	Servicio temporal
09 y 09M	Servicio para bombeo de agua para riego agrícola

O-M	Tarifa ordinaria para servicio general en media tensión con demanda mayor a 10 KW y menor a 100 KW
H-M	Tarifa horaria para servicio general en media tensión, con demanda de 100 KW o más
H-S	Tarifa horaria para servicio general en alta tensión, nivel subtransmisión
H-T	Tarifa horaria para servicio general en alta tensión, nivel transmisión
H-SL	Tarifa horaria para servicio general en alta tensión nivel subtransimisón, para larga utilización
I-15 E I-30	Tarifas de servicios interrumpible
R	Tarifa horaria para servicio de respaldo para falla y mantenimiento en media tensión y alta tensión (HM-RM, HS-RM, HT-RM)
DAC	Tarifa de servicio doméstico de alto consumo

1.2.2. Clasificación de las tarifas.

De acuerdo con su aplicación las tarifas se clasifican en:

1.2.1. Especificas

Las tarifas específicas son aquellas que se aplican a los suministros de energía eléctrica utilizados para los propósitos que las mismas señalan, a este grupo corresponden las siguientes: 1, 1 a, 1b, 1c, 1d, 1e, 5, 5 a, 6, 9 y 9m.

1.2.2. Generales

las tarifas para usos generales, son aquellas aplicables a cualquier servicio eléctrico, exceptuando los específicos antes señalados, a este grupo corresponden las siguientes: 2, 3, 7, o-m, h-m, h-s, h-t, h,sl, h-tl, i-15 e i30.

1.2.3. De respaldo

Son las tarifas para el servicio de respaldo en media y alta tensión para particulares que acojan a las modalidades de generación de energía eléctrica y establecen las opciones de respaldo por falta y mantenimiento respaldo, para falla y respaldo para mantenimiento programado, a este grupo pertenecen: HM-RF, HS-RF, HM-RF, HS-RM.

1.2.3. Carga a contratar

Es la suma de las potencias de los equipos, aparatos y dispositivos, que el cliente conectará a sus instalaciones, expresando el valor total en KW y que manifestará el solicitante al requerir el suministro.

1.2.3.1. reglas para determinar la carga por contratar

A. En la solicitud para el suministro de energía eléctrica deberá quedar establecida la carga por contratar, la cual se establece en base a los datos que proporcione el solicitante, sirviendo para determinar la factibilidad de suministrar el servicio y seleccionar el equipo de medición necesario.
B. En caso de existir equipo de reserva, es decir, que no pueda operar simultáneamente con el que está destinado a sustituir, no se computará como parte integrar de la carga.
C. Para las lámparas incandescentes, se sumará la capacidad en WATTS de cada una de ellas.
D. Las lámparas que requieran un dispositivo de arranque, se tomará su capacidad nominal más un 25% (veinticinco por ciento) para considerar la capacidad en WATTS de los aparatos auxiliares que se requieren para su funcionamiento. Este porcentaje podrá variar de acuerdo con los resultados que a solicitud del cliente obtenga el suministrador, por pruebas de capacidad de los equipos auxiliares, en cuyo caso, podrá modificar el contrato tomando en cuenta dichos resultados.
E. En los aparatos de rayos X, máquinas soldadoras, punteadores, etc. Se tomará su capacidad nominal en voltamperio a un factor de potencia de 90%, o es decir, para obtener la potencia en WATTS se multiplicará por 0.90 la capacidad en voltamperes
F. Tratándose de motores eléctricos, la capacidad de cada uno de ellos se tomará individualmente mediante la aplicación de la tabla en la que se contempla el rendimiento de los motores. Misma que se muestra a continuación

1.2.4. Demanda por contratar.

Es la demanda que el suministrador y el cliente convienen inicialmente en el contrato respectivo, bajo reglas establecidas en las propias tarifas que deben de cumplirse bajo vigilancia de C. F. E. a fin de procurar que su valor corresponda a los requerimientos de potencia del servicio y en su caso, sirvan de elemento real para determinar el valor respectivo del depósito de garantía.

1.2.4.1. Modificación de la carga y demanda contratada.

El suministrador será responsable del suministro en las condiciones que se hubieren pactado, por límite de carga contratada, las variaciones de dicha carga, originadas por ampliación de los requerimientos de la energía eléctrica del cliente, lo obliga a consultar con CFE si se puede proporcionar la energía y bajo qué condiciones, tanto técnicas como económicas. El cliente comunicará por escrito al suministrador la nueva carga y demanda; en su caso, dentro de los quince días siguientes a la fecha en que hubiera variado la carga y la demanda contratada, debiendo de ajustar el importe del depósito de garantía de las nuevas condiciones del suministro.

Será causa de suspensión del suministro, en términos del artículo 26, fracción IV de la ley (dice que la suspensión del suministro de energía eléctrica deberá de efectuarse cuando se compruebe el uso de la energía eléctrica en condiciones que violen lo establecido en el contrato respectivo). La omisión del cliente para notificar oportunamente los incrementos de demanda que excedan la carga conectada; en su caso, en la carga y demandas contratadas, si dichos incrementos originan o pudieran originar trastornos al servicio público general.

Cuando en tres ocasiones sucesivas la demanda máxima medida exceda a la demanda contratada, se requerirá al cliente la modificación de su contrato y la actualización del depósito de garantía, tomando como nueva demanda contratada mínimo el promedio de las tres.

Independientemente de la actualización del depósito de garantía, será aplicable el cobro de las aportaciones por las obras específicas para respaldar la nueva carga contratada y/o la aportación por KVA de acuerdo con la tarifa.

El monto del depósito de garantía estará integrado por el importe del depósito del contrato que sé está modificando, más el importe correspondiente al aplicar las cuotas del depósito que fijan las tarifas en vigor, a la diferencia de la demanda que se estableció en el contrato que se modifica y la demanda contratada que se fija al celebrar un nuevo contrato.

1.2.4.2. Tensión de suministro.
Estos servicios se suministran en media tensión, es decir de 7600 volts a 34500 volts, según lo solicite el usuario.

1.2.4.3. Carga y demanda por contratar.
La carga por contratar será la suma de las potencias en Kilowatts de los equipos, aparatos y dispositivos que el cliente manifieste tener conectados.

La demanda por contratar la fijará inicialmente el cliente, su valor no será menor al 60% de la carga total conectada, ni menor a 100 KW de la capacidad del mayor motor o aparato instalado.

En caso de que el 60% de la carga total conectada exceda de la capacidad de la subestación del cliente solo tomará la capacidad de dicha subestación del cliente a un factor de 60%.

Cualquier fracción de Kilowatts se tomará como Kilowatt completo.

1.2.5. Otras opciones tarifarias.

Se autoriza al suministrador para que celebre con los clientes de esta tarifa que así lo soliciten convenir su facturación bajo la opción de demanda contratada.

1.2.5.1. Cambio de tarifa hm a om.

Cuando el cliente mantenga durante 6 meses consecutivos, tanto una demanda máxima medida en período de punta, intermedio y base inferiores a 100 KW., podrá solicitar al suministrador su incorporación.

1.2.5.2. Facturación básica

La facturación básica se integra adicionando los cargos por demanda facturable, las cuotas autorizadas a los consumos punta, intermedia y base que se registran en un periodo normal de facturación y de acuerdo a las regiones tarifarias y horarios aplicables que correspondan. Por la importancia de estos suministros, el periodo de consumo será de las 0:00 horas del día 1ero del mes de facturación, a las 24:00 horas del día último, por lo cual los medidores son activados con una función de congelamiento de lectura que la mantendrá estos valores en memoria, lo que permite tomar lecturas cada día 1ero de cada mes.

En los meses que exista cambio de estación en día primero o último del mes, el medidor congelara la lectura en el cambio de estación y la del fin de mes

1.2.5.3. Cargo por medición en baja tensión

En caso de que la medición se efectué en el lado secundario de la subestación del cliente, se aplicara el cargo de 2% a la facturación básica.

1.3. EL FACTOR DE POTENCIA

La relación de la potencia real con la aparente es un circuito se conoce como el factor de potencia. Por tanto, es una manera de indicar que porción de la corriente total y el voltaje produce potencia. Cuando la corriente y el voltaje están en fase, el factor de potencia será 1; la potencia real será la misma que la aparente. Cuando la corriente y el voltaje forman 90°, el factor de potencia será 0. Dicho esto, el factor puede variar entre 0 y 1, este valor es expresado en porcentaje y va desde 0% a 100%

1.3.1. Análisis del factor de potencia

Para entender por qué aparece el factor de potencia en las instalaciones eléctricas, se hace un análisis de los diferentes elementos que constituyen la carga de una instalación.

1.3.1.1. Capacitor

El capacitor o condensador es el elemento capaz de almacenar carga eléctrica. Su comportamiento es el siguiente: si le conectamos una pila al capacitor la corriente subiría casi instantáneamente hasta cierto valor pico, de donde desciende exponencialmente hasta cero (manteniéndose cargado eléctricamente). Si se logra un arreglo (resistencia ajustable) que permita una disminución paulatina del voltaje de la pila, la corriente empezará a fluir en sentido contrario y llegara a un valor negativo máximo cuando el voltaje sea cero. Si en determinado momento se aumenta el voltaje en sentido contrario al anterior, la corriente empieza a regresar nuevamente a cero. Es decir, la corriente siempre va un paso adelante del voltaje, en resumen se puede entender en el capacitor la corriente antecede al voltaje.

1.3.1.2. Inductancia

En una inductancia la energía se almacena en forma de campo magnético. Si aplicáramos el voltaje de una pila a un elemento inductivo, la corriente crecería exponencialmente. Esta corriente establece un campo en el núcleo del inductor que se opone a los cambios súbitos. Esto provoca que exista un retraso en el flujo de la corriente a través de la bobina.

si logramos disminuir el voltaje de la pila, se observaría que la corriente también disminuiría. Sin embargo, en el momento en que el voltaje llegue a cero, el campo magnético del inductor se opondría a que la corriente sea cero e induciría un voltaje que provocaría que siga fluyendo. Se entiende que en una inductancia el voltaje antecede a la corriente.

Si consideramos una capacitancia o una inductancia ideal conectada a una fuente de voltaje alterno, el desfasamiento de la corriente con respecto al voltaje será de 90° adelantada para el caso de la capacitancia, y 90° atrasada para el de la inductancia. La corriente y el voltaje, en un circuito cualquiera, pueden tener un desfasamiento eléctrico entre cero y 90° con la corriente antecediendo al voltaje, o viceversa.

1.3.1.3. Potencia activa

Si se hace circular una corriente directa de valor constante a través de una resistencia (R), la energía eléctrica se transforma en energía térmica.

La ley de joule dice, que la energía calorífica es igual a la potencia por unidad de tiempo.

$$energia\ calorifica = R \cdot I^2 \cdot t = P \cdot t$$

A dicha potencia (P} se le conoce como potencia activa.

1.3.1.4. Potencia reactiva.

En el caso de un circuito con un elemento puramente capacitivo o inductivo, la energía no cambia de forma, sólo se almacena. En otras palabras, la fuente entrega energía al elemento capacitivo o inductivo, el cual la almacena y a su vez la entrega cuando la fuente se des energiza. Si el circuito está conectado a una fuente de corriente alterna, la energía pasa de la fuente al capacitor (o inductor:) en el primer cuarto de ciclo y regresa a la fuente en el siguiente. A esta energía asociada a un capacitar ideal o a un inductor ideal se le conoce con el nombre de *reactiva.* De la misma manera se le llama *potencia reactiva* "Q" a la potencia capacitiva o inductiva que multiplicada por la unidad de tiempo produce este tipo de energía. Se le llama capacitiva cuando la corriente antecede al voltaje, e inductiva cuando el voltaje antecede a la corriente. Para ambos casos (con elementos ideales) existe un desfasamiento de 90° con respecto a *la potencia activa*.

1.3.1.5. Potencia aparente.

Las instalaciones eléctricas son una combinación de elementos resistivos, inductivos y capacitivos, por lo que la potencia que se requiere tiene una componente *activa* y una *reactiva*. La suma vectorial de estas dos componentes se conoce con el nombre de *potencia aparente* "S". Esta potencia es la -que se utiliza para calcular las secciones de los conductores y los demás elementos de la instalación.

1.3.1.6. Analogía mecánica.

El trabajo mecánico está definido como el producto del incremento de la distancia por el vector fuerza en la dirección del desplazamiento: fuerza por distancia. La potencia mecánica *(activa)* es igual a la tasa de producción de trabajo, o lo que es lo mismo, es el número de unidades de trabajo desarrolladas en la unidad de tiempo: fuerza por velocidad (distancia entre tiempo).

Si la fuerza se aplica en una dirección diferente a la del movimiento, puede considerarse como la suma de dos vectores fuerza, localizados: uno en el eje de la dirección del movimiento, otro a 90° del primero. De estas componentes, sólo la primera (a lo largo del movimiento) produce trabajo. Por esta razón, cuando crece el ángulo de aplicación de la fuerza, disminuye la componente activa y a su vez el trabajo producido. Por lo tanto, si se quiere conservar la misma velocidad, se requiere de la aplicación de una mayor fuerza (el aumento debe ser proporcional al coseno del ángulo de aplicación).

En una red eléctrica sucede un fenómeno similar: entre mayor sea el ángulo entre el voltaje (fuerza aplicada en la analogía) y la corriente (velocidad) se requerirá de más potencia aparente para suministrar la misma potencia activa.

1.3.2. Definición del factor de potencia.

En las instalaciones eléctricas normalmente se encuentran dispositivos que transforman la energía en calor o en trabajo junto con elementos inductivos y capacitivos que no desarrollan trabajo. Entonces prácticamente siempre existe UR ángulo entre el voltaje y la corriente que se conoce como ángulo de fase.

El *factor de potencia* es el cociente de la relación del total de watts entre el total de volt-amperes RMS (root-mean-square, valor medio cuadrático o valor efectivo), es decir, la relación de la *potencia activa* entre *la potencia aparente*. Cuando la corriente y el voltaje son funciones senoidales y ϕ es el ángulo de desfasamiento entre ellos, el coseno de ϕ es el *factor de potencia (fp)*. Entonces, el f.p. depende del desfasamiento entre el voltaje y la corriente, que a su vez depende de la carga conectada al circuito.

la *potencia activa* es igual al producto de los valores efectivos (RMS o cuadrático) del voltaje "V" y la corriente "I" por el coseno del ángulo de desfasamiento entre ellos

$$P = V \cdot I \, cos\phi$$

Dónde: ϕ es el ángulo de fase entre el voltaje y la corriente.

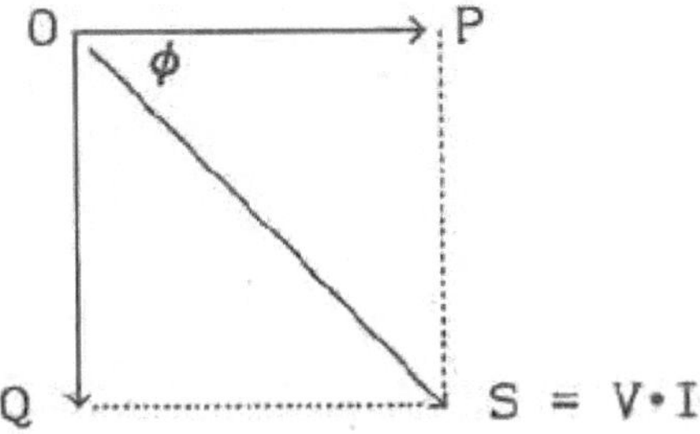

Figura 1 Diagrama vectorial de potencias

Por lo tanto:

$$S = \sqrt{P^2 + Q^2}$$

Entonces el factor de potencia será:

$$f.p. = cos\phi = \frac{P}{S} = \frac{P}{\sqrt{P^2 + Q^2}}$$

La carga de una instala6ón está constituida principalmente por equipos eléctricos (motores y transformadores) fabricados a base de bobinas (inductancias). es normal encontrar que predomine la carga inductiva sobre la capacitiva, es decir, generalmente la corriente está atrasada con respecto al voltaje, por lo que es común hablar del factor de potencia atrasado.

1.3.3. Consecuencias de un factor de potencia bajo.

La corriente que circula en los conductores puede descomponerse matemáticamente (no físicamente) en dos componentes: una que coincida con *la patencia activa* y otra con la *potencia reactiva.*

Es decir

$$I = \sqrt{I_a^2 + I_r^2}$$

$$f.p. = cos\phi = \frac{I_a}{I} = \frac{I_a}{\sqrt{I_a^2 + I_r^2}}$$

Dónde:

$I = Corriente\ total$

$I_a = Componente\ de\ la\ corriente\ (en\ fase\ con\ voltaje)$

$I_r = Componente\ reactiva\ atrasada\ 90°\ con\ respecto\ al\ voltaje$

El factor de potencia disminuye o aumenta de acuerdo con la función coseno del ángulo de fase. Si se tiene una carga donde el desfasamiento de la corriente (atrasada) con respecto al voltaje es muy cercano a 90°, el *f.p.* será muy cercano a cero y la componente re activa de la corriente será muy grande comparada con la componente activa.

1.3.4. Compensación del factor de potencia.

Las instalaciones eléctricas industriales cuya carga está compuesta principalmente por motores de inducción tienen *un factor de potencia* atrasado. Por esta razón resulta necesario compensar la carga inductiva con carga capacitiva.

La solución que normalmente resulta más económica y sencilla es la colocación de bancos de capacitores que proporcionen los kVA's reactivos necesarios para que *el f.p.* esté por arriba de lo estipulado en el contrato de suministro. De hecho, las mismas compañías suministradoras utilizan este sistema para compensar el *fp.* de su red de transmisión y distribución.

El factor de potencia también puede ser compensado utilizando motores síncronos en lugar de motores de inducción, pero una vez definidos los kilovars (kVA reactivos) necesarios, el problema requiere más bien de un análisis económico que técnico.
La cantidad de kvar necesarios para mejorar el *fp.* se obtiene a partir de la *potencia reactiva* requerida por los equipos que constituyen la instalación. En muchas ocasiones esto se hace con la medición del primer mes de operación de los equipos. Considérese que las condiciones iniciales son:

$$S_1 = \frac{P}{\cos \phi_1} \qquad\qquad Q_1 = \sqrt{S_1^2 - P^2}$$

Y las condiciones que se desean son:

$$S_2 = \frac{P}{\cos \phi_2} \qquad\qquad Q_2 = \sqrt{S_2^2 - P^2}$$

Entonces resulta que el banco de capacitores a instalar deberá suministrar una potencia reactiva trifásica:

$$Q = \sqrt{3}\ V \cdot I = Q_1 - Q_2$$

Dónde:

V = voltaje nominal aplicado al banco de capacitores.

I = corriente que debe circular por el banco de capacitores.

Puede ser necesario considerar valores de capacitancia escalonados para prever las variaciones normales de carga. Es también importante vigilar el comportamiento del voltaje, sobre todo si existen muchas maniobras de conexión y desconexión cercanas a los capacitores.

CAPITULO II PROCEDIMIENTO DE UN DIAGNOSTICO ENERGETICO.

2.1. RECORRIDO INICIAL POR INSTALACIONES

Identificación de:

- Tipo de tecnología instalada

- Ubicación de los equipos

- Tipo de tableros (cuarto de control)

- Estado físico de los equipos

- Tipo de procesos

- Horarios de trabajo

- Equipos encendidos sin uso

- Formas y fuentes de energía utilizadas

- Posibilidades de sustitución de energéticos

- Posibilidades de autogeneración y cogeneración.

2.2 MEDICIONES ELÉCTRICAS PARA LOS DIAGNOSTICOS.

El objetivo de la medición eléctrica es obtener los principales parámetros eléctricos que permitan conocer el comportamiento eléctrico de la empresa y/o de los equipos existentes en la misma.

Conocer los parámetros eléctricos de la empresa y/o los equipos es de fundamental importancia para proceder en la evaluación de potenciales de ahorro de energía. La medición eléctrica tiene los siguientes fines:

A. Verificar los horarios y tiempos de operación de los equipos.

B. Detectar picos de demanda.

C. Detectar anomalías de factor de potencia.

D. Detectar desbalanceo de fases.

E. Tener antecedentes a la implantación de medidas de ahorro de energía y Programas para controlar la demanda eléctrica.

F. Comparar datos de medición eléctrica con los de facturación.

Las mediciones eléctricas pueden ser generales o puntuales dependiendo de los objetivos y recursos de la empresa. La confiabilidad de las mediciones depende directamente de la sofisticación de los instrumentos de medición utilizados.

2.2.1. Mediciones puntuales

Estas mediciones se realizan con un analizador de redes portátil o con un amperímetro de gancho, multímetro y factorímetro.

Las mediciones puntuales se realizarán bajo condiciones de operación normal de los equipos y se tomarán como mínimo durante seis veces y de preferencia dos por turno de trabajo de la empresa.
En caso de presentarse variaciones importantes se procederá a hacer mediciones continuas.

2.2.2. Mediciones continuas

Este tipo de medición eléctrica es recomendable si se desean obtener resultados más precisos y confiables. Estas mediciones se realizan con un analizador de redes que se queda conectado al equipo a medir durante el tiempo que sea necesario hacer la medición.

El intervalo y duración de la medición se programa en el equipo de medición, pero lo más común es hacer mediciones cada 5 minutos durante las 24 horas. En caso de que el comportamiento no sea constante se incrementa el intervalo de medición hasta que se obtengan las condiciones representativas de la operación del equipo.

2.2.3. Planeación de las mediciones.

La planeación se refiere básicamente a las consideraciones sobre el tipo de mediciones a realizar, decisiones de dónde se medirá, duración de la medición   y qué equipos se utilizarán, que previsiones son necesarias tomar, los riesgos que pudieran presentarse y cómo se deberán realizar las mediciones.

Las mediciones eléctricas deberán realizarse en periodos representativos o típicos y no cuando la empresa se encuentra trabajando en periodos de baja producción o cuando tienen un pedido urgente y se encuentra a toda su capacidad.

En la planeación de las mediciones eléctricas se deberán considerar los siguientes aspectos:

- Definir el tipo de mediciones a realizar.
- Definir los períodos representativos o típicos.
- Identificación de cargas energéticamente importantes.
- Asignar personal para realizar o supervisar las mediciones eléctricas.

En el caso de que la empresa realice sus propias mediciones, se deberá considerar lo siguiente:

- Selección adecuada de los equipos de medición,
- Capacitar a los operadores de los equipos de medición.
- Establecer formatos de registro.
- Definir la frecuencia de toma de lecturas.

2.2.4. Determinación de las variables a monitorear

El número de variables o magnitudes a medir durante el desarrollo de un monitoreo puede variar en función de la información y resultados que se desean obtener y de la capacidad o disponibilidad de los equipos de medición que se pretende utilizar. Es lógico pensar que a mayor cantidad de variables a monitorear, corresponde una mejor evaluación de los equipos y caracterización de la forma de uso de la energía eléctrica en las instalaciones bajo estudio y, en consecuencia, tendrán mejor sustento las estimaciones asentadas en el diagnóstico energético y menor será el margen de incertidumbre de los resultados esperados.

Entre las principales magnitudes o variables eléctricas a medir se incluyen las siguientes:

Tabla 2 Variables Eléctricas y Unidades.

Variable eléctricas	Unidad
Consumo de energía	kWh
Potencia activa	kW
Potencia reactiva	kVAR
Factor de potencia	%
Intensidad de corriente	A
Tensión o potencial	V

Las variables anteriores se consideran indispensables para obtener una imagen sobre el comportamiento eléctrico de un equipo, sistema o instalación; las mediciones de consumo de energía (kWh), potencia activa (kW) y potencia reactiva (kVAR) se consideran indispensables para fines de un diagnóstico energético, mientras que los datos de intensidad de corriente (A) y tensión (V) aportan información complementaria

Sobre el comportamiento de la instalación y la calidad del suministro. El caso factor de potencia puede obtenerse a partir de los valores de potencia activa y potencia reactiva.

2.2.5. Identificación de los puntos de medición.

La selección de los puntos de medición dentro de las instalaciones de un Usuario constituye uno de los aspectos primordiales en el monitoreo de variables eléctricas y está condicionado a una serie de factores, entre los que destacan: la complejidad de la instalación, la disponibilidad de los equipos de medición, el número de mediciones de consumo y demanda que desean obtener en todo el inmueble, y la facilidad de acceso para la instalación de equipos.

La complejidad de la instalación estará en función del tamaño de la empresa, del número y tipo de cargas por alimentar, el número de nodos incluidos en la instalación y alimentados desde la acometida general (barras de subestación, centros de carga, tableros de distribución).

En el caso de instalaciones donde la energía eléctrica sea suministrada y distribuida en forma interna en media y alta tensión, se recomienda seleccionar aquellos equipos que tengan mayor impacto en el nivel de demanda y consumo de energía para cada uno de los niveles de tensión presentes en las diversas secciones de la instalación. En este caso en particular deberá además considerarse la necesidad de disponer de los equipos auxiliares para conexión de los equipos de medición (transformadores de corriente y transformadores de potencial) con las características y niveles de aislamiento adecuados para el nivel de voltaje donde se utilicen así como la magnitud de las cargas que se alimenten.

Por otra parte, para instalaciones en baja tensión por lo general no se requiere de transformadores de potencial, pudiéndose requerir transformadores de corrientes para aquellas cargas o circuitos que rebasan la capacidad de corriente nominal de los equipos de medición.

2.3. INSTRUMENTOS DE MEDICIÓN Y VARIABLES A MONITOREAR

Existen diferentes tipos de equipos de medición continua, y su selección es con base a las características que pueda ofrecer, así como la facilidad para utilizarlos y adquirirlos; entre los más comunes se encuentran los siguientes:

2.3.1. Amperímetro

El amperímetro es un instrumento que permite medir la intensidad de corriente de línea en un sistema eléctrico en amperes. Existe una gran variedad de amperímetros pero el más usado para medir corriente en sistemas ya instalados es el conocido como medidor de gancho, (véase Figura 2.1.1). Éste es un instrumento portátil que nos da la lectura directa de la corriente que está fluyendo por el conductor en donde se conecta.

Figura 2 Amperímetro.

Para puntos donde se considera importante contar con un monitoreo de corriente, se utilizan medidores fijos conectados en serie con la carga donde se mide el paso de corriente. Actualmente los hay con lectores analógicos o digitales.

2.3.2. Amperímetro de gancho con función de potencia
Características:

- Medición TRMS
- Acepta conductores de hasta 26 mm
- Continuidad audible.
- Función de auto apagado
- Indicación de baja batería
- Congelamiento de datos y picos
- Categoría de seguridad CAT III 600 V

Tabla 3 Características del Amperímetro de gancho de potencia.

Amperes CA	40/400/600 Amperes
Tension AC-DC	600 Volts
Resistencia	999.9 Ω
Frecuencia	5.0 Hz a 500 Hz
Potencia activa (W)	0-360 KW
Potencia Reactiva (VAR)	0-360 KVAR
Potencia Aparente	0-360 KVA
Factor de potencia	0.10 a 0.99
Alimentacion	2 bateria AAA
Dimensiones	266 x 177 x 81 mm
Peso	224 gr
Accesorios incluidos	- Puntas de prueba - Pinzas cocodrilo - Manual de Instruccion

2.3.3. Pinza amperimétrica para medida de calidad eléctrica

Esta pinza amperimétrica reúne las ventajas de un analizador de calidad eléctrica, un registrador de calidad eléctrica y una pinza amperimétrica en un solo instrumento ideal para la monitorización de cargas electrónicas

Figura 3 Amperimetro de gancho con función de potencia.

Aplicaciones

Configuración y detección de problemas en variadores de velocidad y sistemas de alimentación interrumpida: Compruebe el correcto funcionamiento a través de la medida de los parámetros clave que definen la calidad eléctrica.

Medidas de los armónicos: Identifique problemas causados por armónicos que puedan dañar o afectar a equipos críticos.

Captura de corrientes de arranque: Compruebe la corriente de arranque que se produce como consecuencia de falsos reinicios o el disparo inesperado de los interruptores automáticos.

Estudios de carga: Compruebe la capacidad de la instalación eléctrica antes de añadir nuevas cargas

2.3.4. Luxómetro

El luxómetro es un aparato que mide la intensidad luminosa en lux. Este dispositivo está diseñado para mostrar la relación entre la intensidad de luz y el Angulo de incidencia.

Figura 5 Luxometro

Los niveles de iluminación recomendado para un lugar o área específica, dependen de las actividades que se vayan a realizar en él. En general se puede distinguir entre tareas con requerimiento de iluminación mínimo, normal o exigente

Para poder determinar el tipo de iluminación apropiadas en el lugar se deben de tomar en cuenta las normas de iluminación, que a continuación se presentan:

Tabla 4 Niveles de iluminación recomendados para alumbrado interior y exterior

ACTIVIDAD	DENSIDAD DE POTENCIAELECTRICA (W/m^2)	
	ALUMBRADO INTERIOR	ALUMBRADO EXTERIOR
Oficinas	16,0	1,8
Escuelas	16,0	1,8
Hospitales	14,5	1,8
Hoteles	18,0	1,8
Restaurantes	15,0	1,8
Comercios	19,0	1,8
Bodegas o áreas de almacenamiento.*	8,0	
Estacionamientos interiores.*	2,0	

NOM-007-ENER-1995 "eficiencia energética para sistemas de alumbrado en edificios no residenciales.

Tabla 5 Niveles de iluminación recomendados para centros de trabajo

TAREA VISUAL DEL PUESTO DE TRABAJO	ÁREA DE TRABAJO	NIVELES MÍNIMOS DE ILUMINACIÓN (LUX)
En exteriores: distinguir el área de tránsito, desplazarse caminando, vigilancia, movimiento de vehículos.	Áreas generales exteriores: patios y estacionamientos.	20
Requerimiento visual simple: inspección visual, recuento de piezas, trabajo en banco y máquina.	Áreas de servicios al personal: almacenaje rudo, recepción y despacho, casetas de vigilancia, cuartos de compresores y palería.	200
Distinción moderada de detalles: ensamble simple, trabajo medio en banco y máquina, inspección simple, empaque y trabajos de oficina.	Talleres: áreas de empaque y ensamble, aulas y oficinas.	300
Distinción clara de detalles: maquinado y acabados delicados, ensamble e inspección moderadamente difícil, captura y procesamiento de información, manejo de instrumentos y equipo de laboratorio.	Talleres de precisión: salas de cómputo, áreas de dibujo, laboratorios.	500
Alta exactitud en la distinción de detalles: ensamble, proceso e inspección de piezas pequeñas y complejas y acabado con pulidos finos.	Áreas de proceso: ensamble e inspección de piezas complejas y acabados con pulido fino.	1,000
Alto grado de especialización en la distinción de detalles.	Áreas de proceso de gran exactitud.	2,000

NOM-025-STPS-1999 "condiciones de iluminación de los centros de trabajo"

2.4 ANALIZADOR DE REDES

Existe en el mercado un instrumento capaz de obtener toda la información de los parámetros eléctricos de manera instantánea, denominado analizador de redes, este tipo de instrumentos cuenta con un sistema de adquisición y grabación de la información, por lo que tienen la posibilidad de imprimir los datos medidos para su registro continúo en períodos preestablecidos ya que son programables y pueden ser usado para los siguientes registros:

La carga general de la planta a lo largo de un día o un período mayor, para determinar el perfil de la demanda e identificar la magnitud y el momento del pico de la demanda. Para llevar a cabo esta medición es conveniente conectarlos en la salida del secundario del o los transformadores principales. Es conveniente tener en cuenta que normalmente este equipo es para medición en bajo voltaje, hasta 600 V, por lo que en algunos casos será necesario la utilización de transformadores (donas) de voltaje.

- La carga general durante la noche en un área o departamento para observar el comportamiento de las cargas a lo largo del tiempo
- En general la entrada en operación de cargas eléctricas importantes como los sistemas de fuerza, aire acondicionado, refrigeración, iluminación y otros sistemas consumidores de energía eléctrica

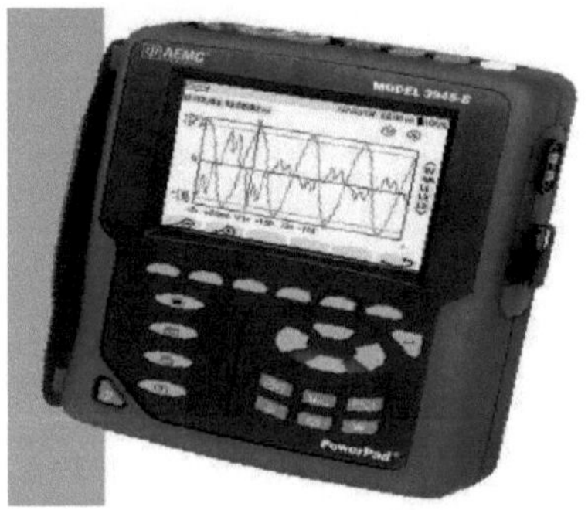

Figura 6 Aanalizador de redes

2.4.1. Grafica de corriente

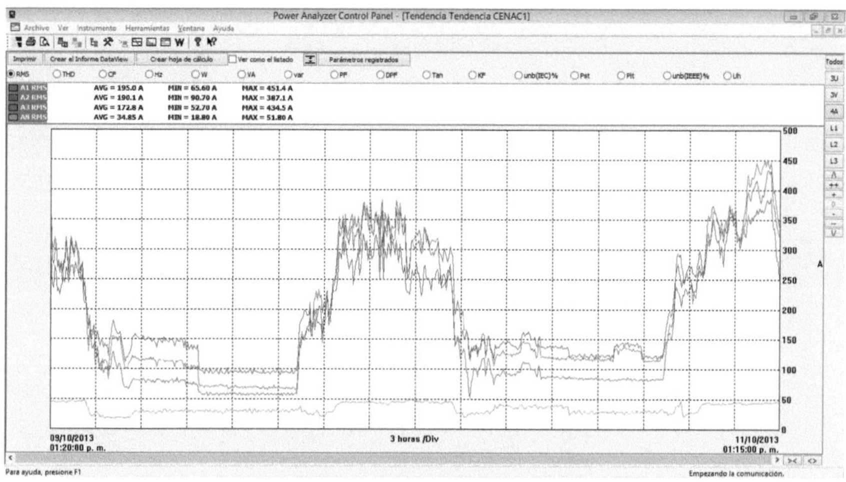

Figura 7 Ejemplo de grafica de Corriente

2.4.2. Grafica de potencia activa

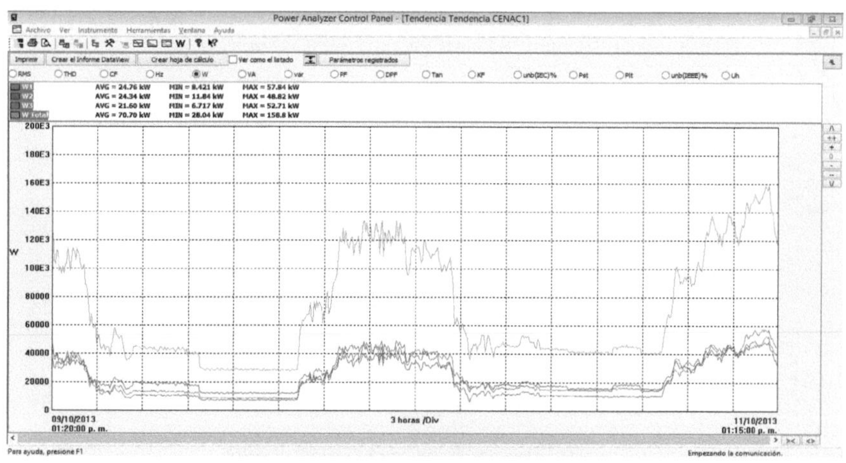

Figura 8 Ejemplo de grafica de Potencia Activa

2.4.3. Grafica de potencia aparente

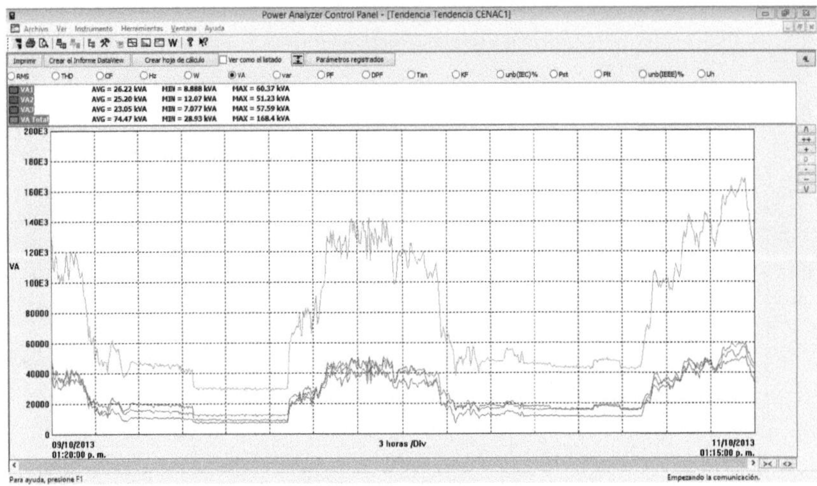

Figura 9 Ejemplo de grafica de Potencia Aparente.

2.4.4. Grafica de potencia reactiva

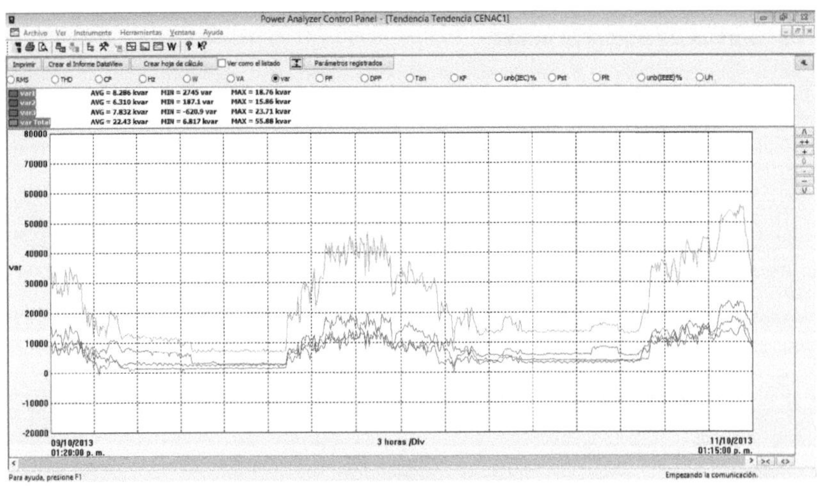

Figura 10 Ejemplo de grafica de Potencia Reactiva

2.4.5. Grafica de armónicos con respecto a la corriente

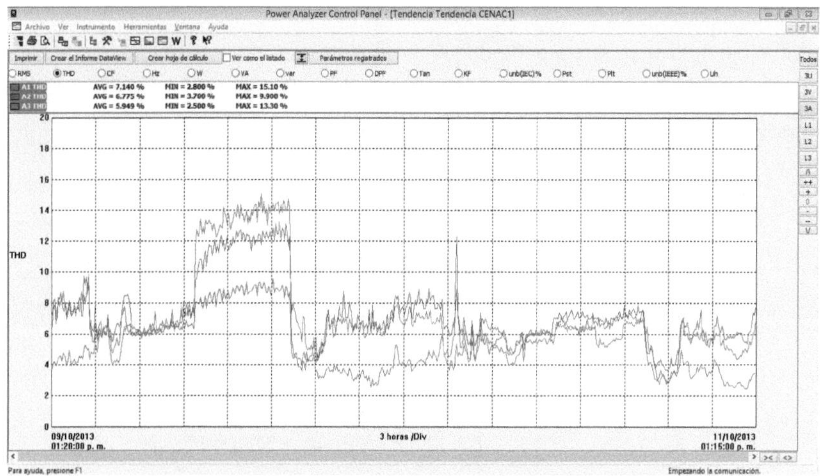

Figura 11 Ejemplo de Armónicos respecto a la corriente.

2.4.6. Grafica de armónicos con respecto al voltaje

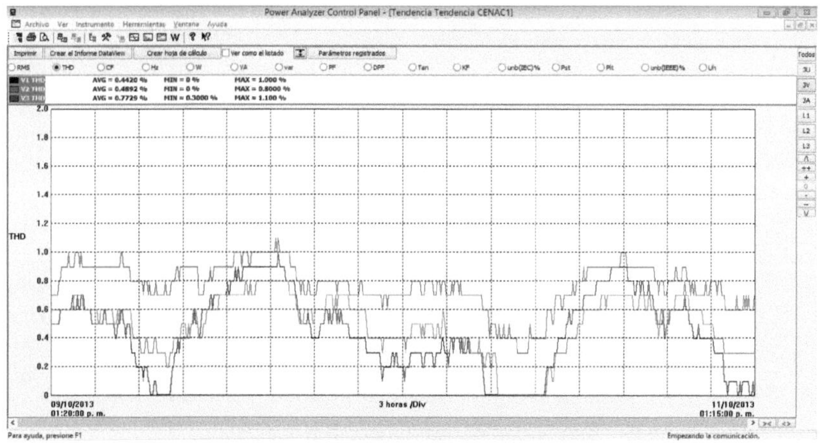

Figura 12 Ejemplo de Armónicos respecto al Voltaje.

Las gráficas mostradas anteriormente solo son como complemento del análisis, que se realiza con datos registrados en la medición, estos son descargados del programa del analizador en la pc y así poder realizar los cálculos deseados.

Como ejemplo se muestra parte de los datos para analizar, hay que recordar que el analizador se programa cada 5 min para registrar el tiempo que se desee analizar.

Modelo 3945	Serie									
Tendencia	CENAC1									
Dia de empiece	Hora de empiece									
09/10/2013	01:20:00 p. m.									
Tipo de conexión: 3-Fases 4-Hilos										
Fecha	Hora	W1	W2	W3	W Total		Wh1	Wh2	Wh3	Wh Total	
		W	W	W	W		Wh	Wh	Wh	Wh	
09/10/2013	01:20:00 p. m.	46168.8	36323.9	42209	124701.7		3847.4	3026.99	3517.42	10391.81	
09/10/2013	01:25:00 p. m.	37161.7	30531.7	38337.9	106031.3		6944.21	5571.3	6712.25	19227.75	8835.94
09/10/2013	01:30:00 p. m.	35910.2	29588.8	37981.6	103480.6		9936.73	8037.03	9877.38	27851.14	8623.39
09/10/2013	01:35:00 p. m.	38844.3	34232.9	40176.8	113254		13173.75	10889.77	13225.45	37288.97	9437.83
09/10/2013	01:40:00 p. m.	40356.8	33709.2	37801.1	111867.1		16536.82	13698.87	16375.54	46611.23	9322.26
09/10/2013	01:45:00 p. m.	35382.1	29597.9	33762.8	98742.76		19485.32	16165.36	19189.1	54839.79	8228.56
09/10/2013	01:50:00 p. m.	36746.9	30425.9	33818.8	100991.6		22547.56	18700.86	22007.33	63255.75	8415.96
09/10/2013	01:55:00 p. m.	35052.3	29066.6	32268.2	96387.04		25468.59	21123.07	24696.35	71288.01	8032.26
09/10/2013	02:00:00 p. m.	36357.9	30527.8	34773.2	101658.9		28498.41	23667.05	27594.11	79759.58	8471.57
09/10/2013	02:05:00 p. m.	31813.7	31179.8	33771.2	96764.71		31149.55	26265.37	30408.38	87823.31	8063.73
09/10/2013	02:10:00 p. m.	35390.8	32259.5	35398.3	103048.6		34098.79	28953.66	33358.24	96410.69	8587.38
09/10/2013	02:15:00 p. m.	37116.2	31633.1	34737.1	103486.5		37191.8	31589.75	36253	105034.56	8623.87
09/10/2013	02:20:00 p. m.	41633.1	34469	38656.4	114758.5		40661.23	34462.17	39474.37	114597.77	9563.21
09/10/2013	02:25:00 p. m.	38090.6	33669.3	35975.2	107735		43835.44	37267.95	42472.3	123575.69	8977.92
09/10/2013	02:30:00 p. m.	34552.3	31692.4	32190.5	98435.19		46714.8	39908.98	45154.84	131778.62	8202.93
09/10/2013	02:35:00 p. m.	38949.7	33724.7	33869.5	106543.9		49960.6	42719.37	47977.3	140657.28	8878.66
09/10/2013	02:40:00 p. m.	41777.2	34842.1	38369.5	114988.8		53442.03	45622.89	51174.76	150239.67	9582.39
09/10/2013	02:45:00 p. m.	39319.2	35278.2	36900.6	111498		56718.63	48562.74	54249.81	159531.18	9291.51
09/10/2013	02:50:00 p. m.	37275.4	32548.3	36366.5	106190.1		59824.91	51275.09	57280.35	168380.35	8849.17
09/10/2013	02:55:00 p. m.	40697.3	35758.4	38635.6	115091.3		63216.36	54254.96	60499.98	177971.3	9590.95
09/10/2013	03:00:00 p. m.	39918.4	34663.1	37231.8	111813.3		66542.9	57143.55	63602.62	187289.07	9317.77
09/10/2013	03:05:00 p. m.	39005.3	33842.9	36710.7	109558.9		69793.34	59963.79	66661.85	196418.98	9129.91
09/10/2013	03:10:00 p. m.	37537.5	33430.4	32232.4	103200.3		72921.46	62749.66	69347.88	205019	8600.02
09/10/2013	03:15:00 p. m.	34566.8	32183.1	32837.2	99587.21		75802.03	65431.59	72084.32	213317.94	8298.94
09/10/2013	03:20:00 p. m.	31641.4	33744.5	35369.7	100755.7		78438.82	68243.63	75031.8	221714.24	8396.3
09/10/2013	03:25:00 p. m.	33028.6	35521	34660.9	103210.5		81191.2	71203.71	77920.21	230315.12	8600.88
09/10/2013	03:30:00 p. m.	27806.2	30631.4	30282.4	88719.96		83508.38	73756.33	80443.74	237708.45	7393.33
09/10/2013	03:35:00 p. m.	27073.8	31742.1	29600.2	88416.06		85764.53	76401.5	82910.42	245076.46	7368.01

Tabla 6 Ejemplo de análisis de los datos grabados en el analizador.

2.5 SEGURIDAD EN LAS MEDICIONES.

Es necesario y muy importante observar las siguientes recomendaciones de seguridad:

I. Considerar que todos los equipos e instalaciones se encuentran energizados.

II. Conectar primero el neutro o la tierra y posteriormente las fases. Al retirar el equipo proceder a la inversa.

III. Asegurarse que el tablero y el equipo este firmemente energizado, de otra forma se alterarán los resultados y se encontrarán expuestos a graves peligros.

IV. Identificar claramente la tensión de servicio y revisar que el equipo de medición sea el adecuado.

V. Evitar la apertura de un transformador de corriente

VI. Las mediciones eléctricas se tienen que realizar sobre el lado de carga del equipo de protección de manera que protejan de un posible cortocircuito, evite medir potenciales sobre puntos muy cercanos.

VII. Nunca realizar una medición con tal rapidez que ponga en peligro al equipo o la integridad física de las personas.

VIII. Utilizar la herramienta y el equipo de protección adecuada.

IX. Evitar hacer pruebas sobre los equipos.

X. Evite hacer reparaciones temporales y con personal inexperto a los equipos de medición.

XI. Verificar la información histórica sobre el equipo que está midiendo.

XII. Si el ambiente es corrosivo verifique las conexiones y limpie las partes en que se requiere conectar

XIII. Capacite a sus colaboradores en la aplicación de medidas y medicamentos en caso de un accidente eléctrico.

2.6 ANÁLISIS DE LA MEDICIÓN ELÉCTRICA

El análisis de la medición eléctrica se hace para comparar los parámetros eléctricos con la facturación eléctrica. Los parámetros eléctricos de la medición general deben ser similares a la facturación; en caso contrario, existen dos posibilidades: la medición eléctrica no fue correcta debido a fallas propias del equipo o se tiene cargos eléctricos indebido s, pudiendo reclamar a la empresa suministradora. Por otro lado, sirve como antecedente previo a la implantación de medidas de ahorro de energía y muestra el número de horas de consumo de energía eléctrica de todos los equipos eléctricos en operación de la empresa.

Con la medición eléctrica se pueden detectar posibles desbalanceo entre fases, los cuales provocan reducción de la vida de los equipos que operan en tres fases, envejecimiento prematuro de los conductores. Asimismo se identifica posibles problemas de bajo factor de potencia que conllevan a una penalización económica por parte de la empresa suministradora. La medición eléctrica muestra el horarios donde ocurren los picos de demanda eléctrica y su magnitud, para lo cual se pueden implementar acciones que las disminuyan y, como consecuencia, disminuir el monto de la facturación eléctrica.

Para el caso de empresas, la gráfica de medición eléctrica de potencia activa contra producción es útil para detectar posibles anomalías en el uso de la energía eléctrica y poder así, establecer si es necesario programas encendido, desconexión de equipos durante el periodo punta e identificar equipos que puedan ser operados en periodos tarifarios donde sea más económica la energía eléctrica

3.1. EJEMPLO DE DIAGNOSTICO ENERGETICO

3.1.1. Razón social.
CAMP SPORTSWEAR SR L DE CV

3.1.2. Nombre comercial.
CAMPECHE SPORTSWEAR

3.1.3. Domicilio
Carretera Campeche-Hampolol km 4.5, Fidel Velázquez, C.P. 24023. Campeche, Campeche

3.2. DATOS DEL SERVICIO

Tabla 7 Principales datos que identifican el servicio.

RPU	789030805651.
NOMBRE	CAMP SPORTSWEAR SR L DE CV
CUENTA	81DW04B238121600
TARIFA	HM
TIPO DE SUMINISTRO	Alta-Alta
CARGA INSTALADA	498
DEMANDA CONTRATADA	498
MEDIDOR	0X3X35
MULTIPLICADOR	350

Todas las lecturas tomadas al medidor cuando realice el control de su consumo y demanda, debe multiplicarlas por el multiplicador para obtener el valor real.

3.3. RESUMEN DE TARIFA

Tabla 8 Tarifa horaria en Media Tensión.

TARIFA	CONSUMO KWh			DEMANDA FACTURABLE KW	TIPO DE SUMINSITRO	FACTOR DE POTENCIA	DAP	IVA
					ELEMENTOS DE LA FACTURACIÓN			
HM	BASE	INTER	PUNTA	DEMANDA FACTURABLE	MEDIA TENSIÓN CARGO	√	√	√

En la tabla 3.3 se presentan los elementos que integran la facturación en la cual se encuentra contratado este servicio.

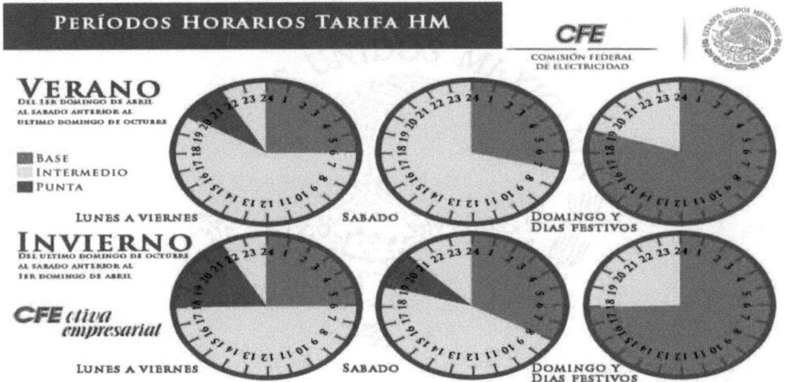

Figura 13 Periodos de Tarifa Horaria

DEMANDA: Potencia que necesita un equipo para encender.

CONSUMO: Es potencia que se necesita para encender un equipo por el tiempo de usos de los mismos.

Tabla 9 Importes del mes de marzo.

IMPORTES DEL MES DE MARZO

CONSUMO		DEMANDA
KWH BASE	$0.7706	KW $191.60
KHW INTERMEDIO	$0.9357	
KWH PUNTA	$1.8858	

Para implementar la administración de la demanda, es necesario conocer los períodos y los horarios en los cuales se debe prestar especial atención a fin de identificar equipos que se puedan apagar o procesos que sea posible cambiar de horario para que no afecte en la facturación mensual.

3.4. DATOS HISTORICOS.

3.4.1. Historial de costo medio

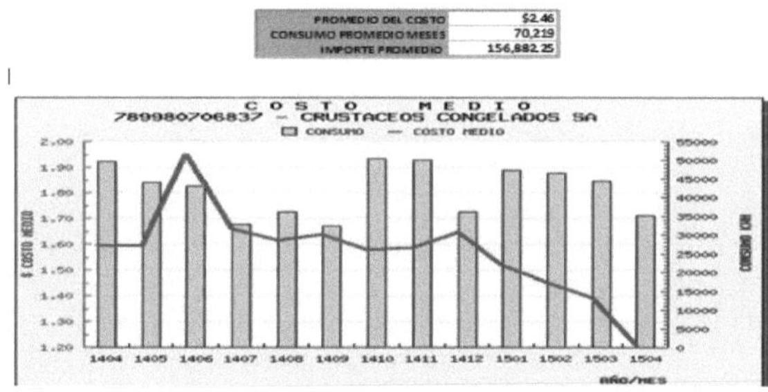

Figura 14 Costo medio

En la gráfica se observa el Costo Medio (**precio que pagamos por cada kWh de energía**). Este se determina del total de lo que pagamos (**$**), entre lo que consumimos (**kWh).**

3.4.2. Historial de consumo en los diferentes periodos.

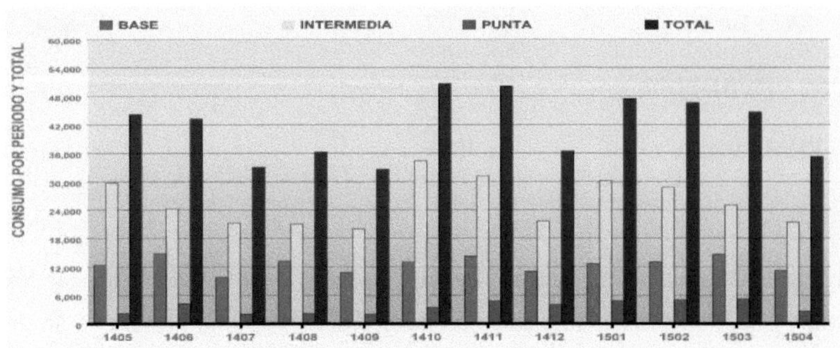

Figura 15 Historial de Consumo por Periodo.

Se observa que el mayor consumo de energía está concentrado en el horario intermedio, este comportamiento se debe, ya que este periodo que es el que comprende más horas.

FECHA	BASE	INTER	PUNTA	FACTURABLE
201404	68	150	67	92
201405	117	160	62	92
201406	137	167	165	166
201407	131	73	65	77
201408	71	71	68	69
201409	51	67	49	55
201410	77	179	68	99
201411	103	162	65	95
201412	66	135	62	84
201501	66	156	69	96
201502	77	159	62	92
201503	67	162	63	93
201504	57	64	57	60

Figura 16 Historial de Consumo por Periodo.

El periodo punta es donde se debe tener cuidado, ya que el Precio de KWH se incrementa al doble que el periodo base e intermedio.

3.4.3. Historial de demanda por periodo y demanda facturable.

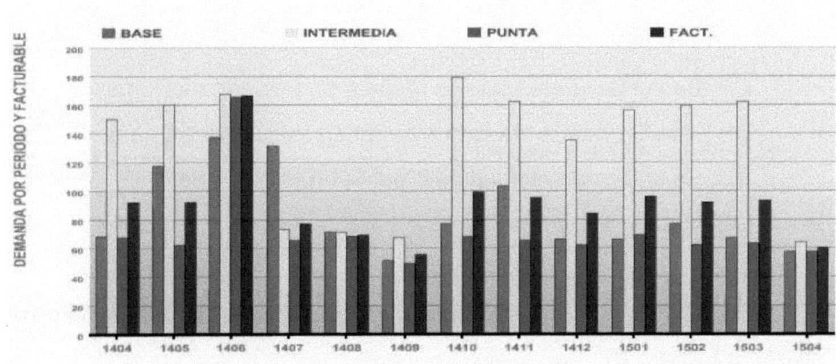

Figura 17 Historial de Demanda por Periodo.

Se observa que cuanto mayor es la demanda punta (DP), esta impacta directamente en la Demanda Facturable (Demanda que cobra CFE), ya que toma el 100% de este valor.

3.4.4. Historial de demanda facturable.

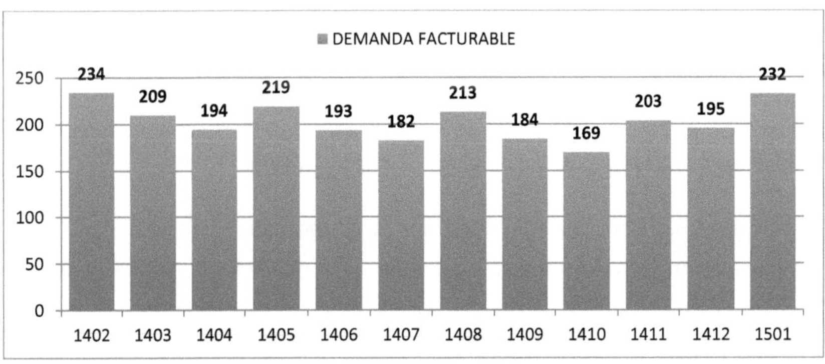

Figura 18 Historial de Demanda Facturable.

La Demanda Facturable es utilizada para establecer la factura de Energía Eléctrica. La Demanda Facturable máxima registrada en el historial es de **234 KW**.

La fórmula de la Demandas Facturable se integra mediante las demandas máximas registradas en cada uno de los periodos horarios, la cual es la siguiente:

$$\textbf{DF = DP + FRI (DI - DP, 0) + FRB (DB - DPI, 0)}$$

✓ DP: Es la Demanda Máxima Medida en Período de Punta.

✓ DI: Es la Demanda Máxima Medida en Período Intermedio.

✓ DB: Es la Demanda Máxima Medida en Período de Base.

✓ DPI: Es la Demanda Máxima Medida en los Períodos de Punta e Intermedio.

✓ FRI y FRB: Factores de Reducción, dependerán de la Región y Tarifa. FRI=0.3, FRB=0.15

En términos más sencillos, la formula dice que se cobrará el 100% de la demanda en horario punta, más la aplicación de un factor de reducción del 30% para la diferencia de la demanda punta, menos la base y un factor de reducción del 15% para la diferencia de la demanda base menos la mayor entre la punta o la intermedia.

De acuerdo con lo mencionado anteriormente, es posible lograr disminución de la facturación al aplicar medidas de ahorro en el horario punta.

Control y Administración de la Demanda: Se define como la **acción de interrumpir por intervalos de tiempo la operación de ciertas cargas eléctricas que inciden directamente sobre la Demanda Facturable.**

Para Realizar un Control y Administración de la Demanda es identificar cuáles de los equipos con los que se cuenta, se pueden dejar de operar en el horario punta o pueden intercambiar su tiempo de operación a otro periodo; lo anterior debido a que este horario, representa un porcentaje considerable en la facturación. Se debe tomar en cuenta que para implementar la Administración de la Demanda en el horario punta, se deberá sincronizar el apagado de equipos o reajuste de procesos según el horario del medidor. Si la Demanda Punta es el mayor este valor será igual a la Demanda Facturable.

3.5. MEDICIÓN Y ANÁLISIS DE PARÁMETROS.

En su historial de Facturación se puedo observar que es posible implementar un Control y Administración de la Demanda en el **Periodo Punta**.

MES	PUNTA	INTERMEDIO	BASE	DEMANDA FACTURABLE
feb-14	223	259	244	234
mar-14	207	215	182	210
abr-14	175	238	201	194
may-14	207	246	212	219
jun-14	179	226	185	194
jul-14	170	210	175	182
ago-14	202	238	224	213
sep-14	170	216	183	184
oct-14	168	172	173	170
nov-14	192	226	233	204
dic-14	188	209	215	196
ene-15	220	260	225	232
PROM	192	227	205	203
MAX	223	260	244	234
MIN	168	172	173	170

Figura 19 Historial de facturación.

La demanda más alta registrada en ese periodo punta es de **223 KW**, y la mínima de **168 KW.**

3.5.1. Análisis de consumo.

Con la medición del puntal realizada con el analizador de redes se pudo obtener los siguientes consumos:

CICLOS POR DIA					
CONSUMO POR PERIODO HORARIO					
FECHA	HORA	BASE KWH	INTERMEDIA KWH	PUNTA KWH	KWH TOTAL
16/02/2015	4:00:00 p.m. / 11:55:00 p.m.	0.00	517	510	1,027
17/02/2015	12:00:00 a.m. / 11:55:00 p.m.	443	1,309	536	2,288
18/02/2015	12:00:00 a.m. / 11:55:00 p.m.	398	1,912	430	2,739
19/02/2013	12:00:00 a.m. / 3:35:00 p.m.	450	1,351	0	1,801
TOTALES		1,290	5,089	1,476	7,856

Figura 20 Análisis de consumo por periodo horario.

Se puede observar que durante el periodo punta se puede realizar un cambio de hábito, ya que existe un consumo similar que el periodo base, mostrando que se dejan encendidos equipos innecesariamente. Sin embargo existe una disminución de consumo punta de 536 a 430 KWH.

3.5.2. Análisis de demanda.

Se realizaron mediciones puntuales con el Analizador de Redes AEMC 3945-B, en donde a continuación se representan las curvas de demandas medidas.

CICLOS POR DIA					
DEMANDA MAXIMA Y FACTURABLE					
FECHA	HORA	BASE KW	INTERMEDIA KW	PUNTA KW	DEMANDA FACTURABLE
16/02/2015	4:00:00 p.m. / 11:55:00 p.m.	0	199	189	192
17/02/2015	12:00:00 a.m. / 11:55:00 p.m.	149	209	210	210
18/02/2015	12:00:00 a.m. / 11:55:00 p.m.	141	233	188	201
19/02/2013	12:00:00 a.m. / 3:35:00 p.m.	136	217	0	65
MAXIMOS		149	233	210	217

Figura 21 Análisis de la demanda máxima y facturable

El análisis nos muestra que, si se puede tener una administración de la demanda, ya que se pueden apagar equipos durante el periodo punta.

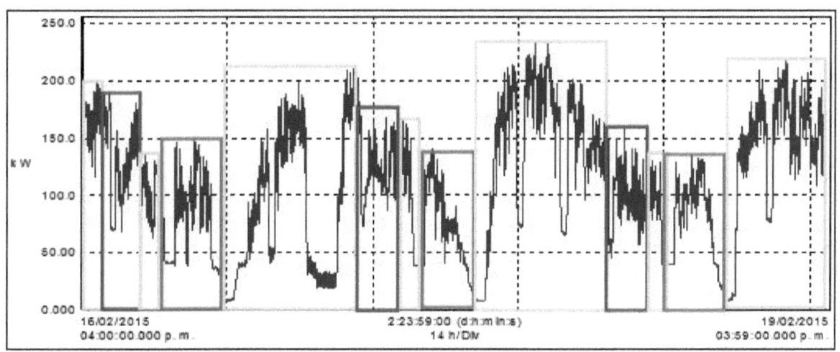

Figura 22 Grafica comparativa de los periodos base, intermedia y punta, extraídos del analizador de redes.

También se puede notar que a partir de la 5:30 am hasta las 7:00 am (horario base) existe una demanda de 15 KW durante los tres días del análisis, se observa que la demanda máxima de 149 KW en el horario base ocurre de 12:22 am hasta las 5:30 am durante los tres días.

3.5.3. Análisis de transformador.

Las mediciones en este transformador fueron realizadas el día de 16 de Febrero del 2015 desde las 4:00 pm. Hasta el día 19 de Febrero del mismo año hasta las 3:35 pm. Con el analizador de potencia AEMC 3945-B, este transformador se encuentra ubicado en las instalaciones de la maquiladora CAMP SPORTSWEAR S R L D E CV.

En las siguientes graficas se pueden apreciar el comportamiento de la subestación. Que se encuentra operando al 33 % de su capacidad.

Nombre	PROM	MIN	MAX	Unidades
VA Linea1	38.994k	0.0000	85.166k	VA
VA Linea2	43.181k	0.0000	86.944k	VA
VA Linea3	38.493k	0.0000	79.332k	VA
VA Suma de Fases	120.67k	0.0000	245.80k	VA

Figura 23 Demanda de potencia aparente.

De acuerdo con la medición anterior y la capacidad del trasformador de 7**50 KVA**, se registra una demanda de Potencia Aparente de **245.80 KVA**.

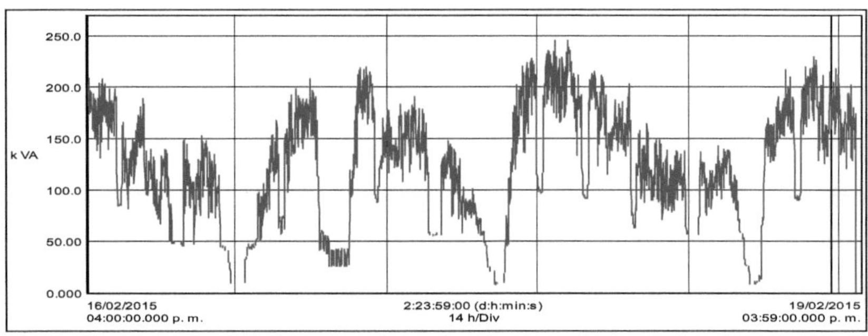

Figura 24 curva de kva del transformador

3.5.4. Análisis de corriente

Nombre	MIN	MAX	Unidades
Arms Linea1	326.98	0.0000	639.30	A
Arms Linea2	358.78	0.0000	653.30	A
Arms Linea3	316.51	0.0000	593.80	A

Figura 25 Análisis de corriente de cada línea

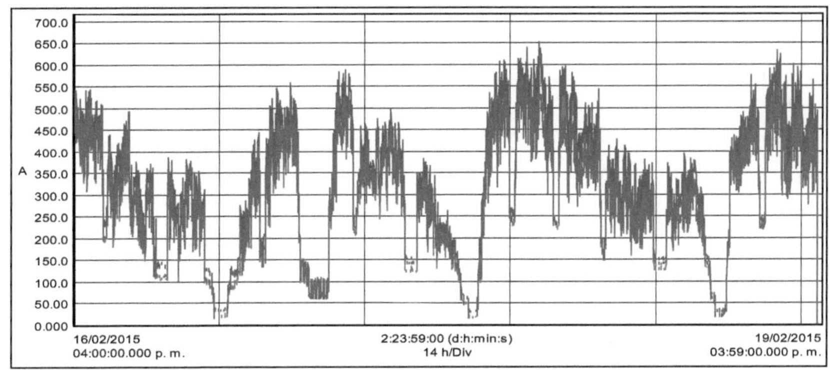

Figura 26 Curvas de corriente de fase y neutro.

En la figura se representan las curvas de corriente en las fases F1,F2, F3 Y NEUTRO del transformador en el eje Y, además las curvas del máximo y el mínimo valor con relación a la corriente nominal, mientras que en el eje X el periodo en días, donde se considera que a partir del +-5% de variación de corriente puede ser perjudicial para el funcionamiento de los equipos. En esta grafica podemos observar que la variación de corriente dentro del rango permisible teniendo de corriente promedio de fase a fase de 9.04%.

3.5.5. Análisis de armónicos

Las armónicas son distorsiones de las ondas senoidales de tensión y/o corriente en los sistemas eléctricos.

Los equipos instalados en lugares donde existen estas, no trabajan en condiciones nominales, ya que ni el voltaje ni la corriente van a ser los marcados en placa. Por lo que los equipos instalados en lugares o plantas donde existan armónicas, no van a operar adecuadamente.

Nombre	PROM	MIN	MAX	Unidades
Athd Linea1	7.4639	0.0000	34.100	%
Athd Linea2	8.7106	0.0000	41.300	%
Athd Linea3	10.198	0.0000	55.000	%

figura 27 Análisis de corriente de los armónicos en cada fase.

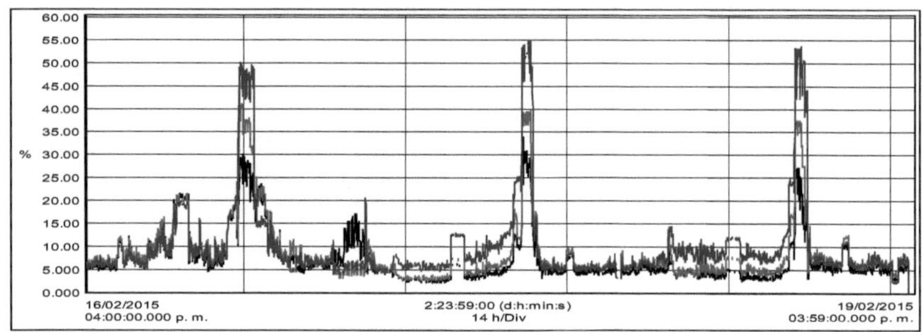

Figura 28 Curvas de distorsión en corriente.

En el comportamiento de las corrientes se detectó que se alcanza un grado de distorsión de 43.47% promedio, esto quiere decir que esta fuera del rango permisible por la especificaciones de CFE L0000-45 y la norma IEEE519 ya que supera el 10% de distorsión que se permite en el sistema eléctrico.

Analizando el comportamiento del voltaje en sus instalaciones se detectó que el porcentaje de distorsión armónica máxima que tiene es del 1.9%, esto significa que está en el rango permisible por la especificación de CFE L0000-45 y la norma IEEE 519 que es del 5% véase figura 3.5.5.3.

Nombre	PROM	MIN	MÁX	Unidades
Vthd Linea1	0.733	0.0000	1.1000	%
Vthd Linea2	0.650	0.0000	1.1000	%
Vthd Linea3	0.626	0.0000	1.1000	%

Figura 29 Análisis de voltaje de los armónicos en cada fase.

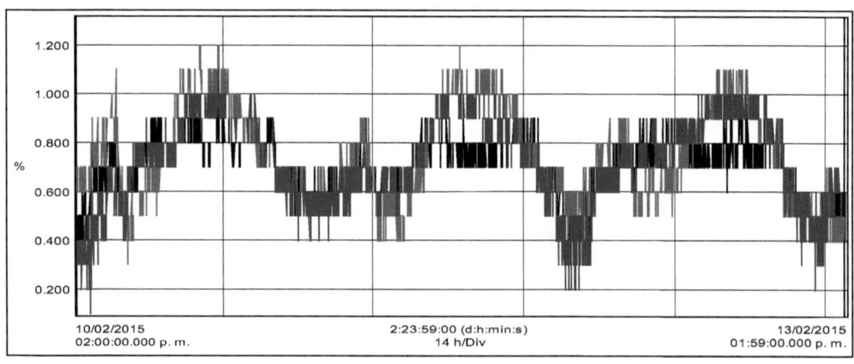

Figura 30 Curvas de distorsión de voltaje.

3.5.6. Análisis del factor de potencia (corrección)

Es un indicador sobre el correcto aprovechamiento de la energía, de forma general es la cantidad de energía que se ha convertido en trabajo.

Los indicadores que maneja CFE para el grado de Aprovechamiento de la Energía:

- Factor de potencia mayor al 90% = Bonificación (Hasta el 2.5% de la facturación).
- Factor de potencia menor al 90% = Recargo (Hasta el 120 % de facturación).

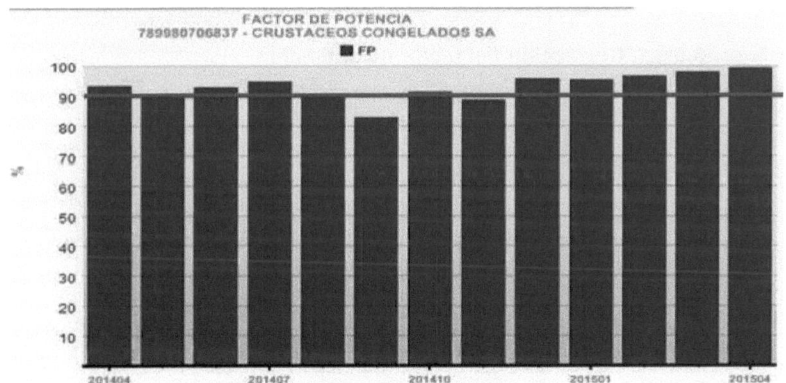

Figura 31 Historial del factor de potencia

Un adecuado factor de potencia debe ser =/> que 90%.

Actualmente el Promedio del Factor de Potencia del Historial de un Año es del 87.24 %, lo que significa que la energía que recibe la está convirtiendo en trabajo útil. De igual forma En su facturación existe un recargo promedio aproximado de 1.9 %, lo que representa $2,447.00 mensuales aproximados. Sin embargo en un año de penalización lleva pagado un importe total de **$ 29,367.07.**

FECHA	CARGO	%
1402	$600.70	0.44%
1403	$2,818.28	2.19%
1404	$2,280.83	1.71%
1405	$3,412.31	2.46%
1406	$4,520.94	3.55%
1407	$4,234.42	3.45%
1408	$2,516.16	1.64%
1409	$3,569.18	2.83%
1410	$1,856.99	1.66%
1411	$1,499.09	1.25%
1412	$1,898.66	1.67%
1501	$159.53	0.12%

Figura 32 Historial de penalización por bajo factor de potencia

3.5.6.1. Corrección del factor de potencia.

Nombre	PROM	MIN	MAX
PF Linea1	0.872	0.0000	0.982
PF Linea2	0.872	0.0000	0.973
PF Linea3	0.865	0.0000	0.979

Figura 33 Análisis del factor de potencia promedio de cada línea.

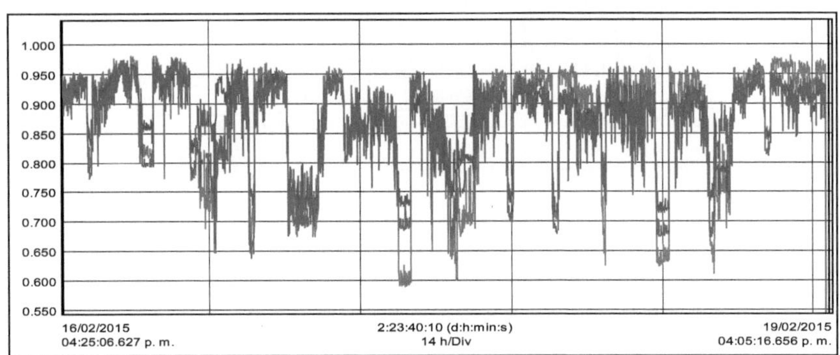

Figura 34 Curvas del factor de potencia

En esta figura se representa la curvas del factor de potencia de las fases F1, F2 Y F3, además el factor de potencia (FP) de los valores mínimo (Mín) y máximo (Máx)

58

que consta ante "el ente regulador", en el eje X se representa el periodo en días, y mientras que en el eje Y se indica los valores del índice que establece "el ente regulador", los resultados de las curvas indica el factor de potencia no se encuentran los rangos establecidos por el ente regulador, en donde se aprecia que el F.P. promedio es de **87.24 %.**

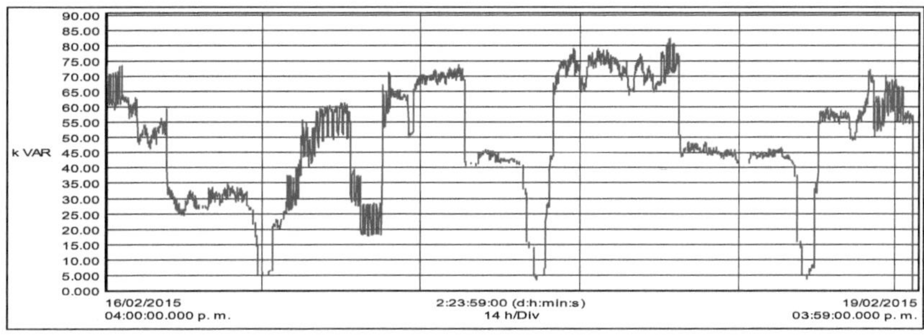

Figura 35 Curva de KVARS en el Sistema

Corrección del factor de potencia (calculo).

Factor de potencia atrasado = .87

$$f.p.\,atrasado = \cos\theta = \cos^{-1}(.87) = 29.54°$$

Potencia aparente S_1

Datos:

$$P = 498\,KW = 498000\,W\;carga\;instalada$$

$$\phi_1 = 29.54°\;angulo\;de\;fase\;entre\;voltaje\;y\;la\;corriente$$

$$S_1 = \frac{P}{\cos\phi_1} = \frac{489000\,W}{\cos(29.54°)} = 572406.0904\;VA$$

Potencia reactiva Q_1

$$Q_1 = \sqrt{S_1^2 - P^2} = \sqrt{(572406.0904VA)^2 - (498000W)^2} = 282213.9832\;VAR$$

Se desea alcanzar un factor de potencia alrededor del 95% con respecto al 87% que actualmente predomina.

Factor de potencia deseado = .95

$$f.p. = \cos\theta = \cos^{-1}(.95) = 18.19°$$

Potencia aparente deseada S_2

Datos:

$P = 498\,KW = 498000\,W\ carga\ instalada$

$\phi_2 = 18.19°\ angulo\ de\ fase\ entre\ voltaje\ y\ la\ corriente$

$$S_1 = \frac{P}{\cos\phi_2} = \frac{489000\,W}{\cos(18.19°)} = 524195.8765\ \text{VA}$$

Potencia reactiva deseada Q_2

$$Q_2 = \sqrt{S_2^2 - P^2} = \sqrt{(524195.8765VA)^2 - (498000W)^2} = 163637.7615\ VAR$$

El banco de capacitores a instalar deberá suministrar una potencia reactiva trifásica:

$$Q = \sqrt{3}\ V \cdot I = Q_1 - Q_2 = 282213.9832 - 163637.7615 = 118576.2217\ VAR$$

$$Q = 118576.2217\ VAR = 118.576\ KVAR$$

De acuerdo a los bancos de capacitores comerciales se recomienda uno de 120 KVAR

3.6. RECOMENDACIONES.

3.6.1. Control y administración de la demanda

Para Realizar un Control y Administración de la Demanda se **recomienda apagar Equipos de Aires Acondicionados 20 minutos antes y 20 minutos después del Periodo Punta según el Horario (Verano – Invierno)**, esto es posible ya que durante el **Periodo Base** se puede notar que no todos los Aires Acondicionados se encienden , únicamente en el fin de semana solo lo necesario.

Día de la semana	Base	Intermedio	Punta
lunes a viernes	0:00 - 6:00	6:00 - 20:00 22:00 - 24:00	20:00 - 22:00
sábado	0:00 - 7:00	7:00 - 24:00	
domingo y festivo	0:00 - 19:00	19:00 - 24:00	

Figura 36 Horario de verano

Día de la semana	Base	Intermedio	Punta
lunes a viernes	0:00 - 6:00	6:00 - 18:00 22:00 - 24:00	18:00 - 22:00
sábado	0:00 - 8:00	8:00 - 19:00 21:00 - 24:00	19:00 - 21:00
domingo y festivo	0:00 - 18:00	18:00 - 24:00	

Figura 37 Horario de invierno

3.6.2. Simulación de la demanda facturable

Al realizar un Control y Administración de la Demanda en el Periodo Punta reduciendo un 20 % de su demanda punta de 220 KW (enero 2015) se pueden lograr obtener los siguientes ahorros.

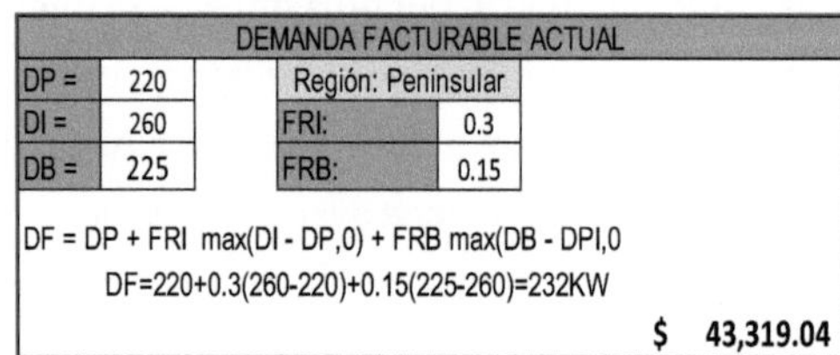

Figura 38 Demanda facturable actual.

Figura 39 Simulación de la demanda facturable.

Se observa que disminuyendo la Demanda Punta de 220 KW a 176 KW, la Demanda Facturable puede Disminuir obteniendo los siguientes ahorros.

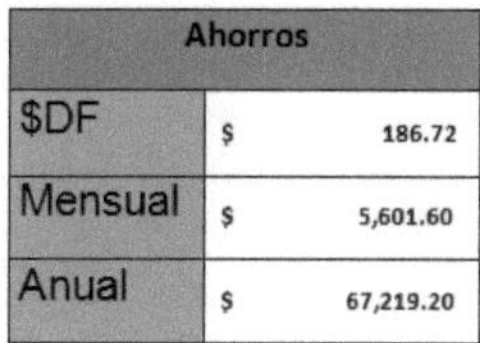

Ahorros		
$DF	$	186.72
Mensual	$	5,601.60
Anual	$	67,219.20

Figura 40 Ahorros en la demanda facturable.

Podemos observar que con solo realizar un Cambio de hábito en el trabajo se puede obtener un ahorro sin tener que invertir.

3.6.3. Factor de potencia banco de capacitores (capacidad ubicación).

Una de las Recomendaciones para evitar tener penalizaciones en su Facturación, es Aumentar su Factor de Potencia si bien lo recomendable es a un 100%, para obtener bonificaciones del 2.5% en su facturación debe ser por encima de un 90%. Al instalar un banco de Capacitores de **120 KVAR** se corregirá a un 95%.

Los ahorros que **se** obtendrían aproximadamente por Aumento de Factor de potencia Al 95% se muestran a   continuación cuál sería su ahorro de un año aproximado.

	AHORROS TOTALES		
	BONIF	CARGOS	TOTAL
MENSUAL	$2,974.04	$2,486.74	$5,460.78
ANUAL	$35,688.46	$29,840.92	$65,529.38

Figura 41 Ahorro mensual y anual mejora de factor de potencia.

Nota: Los datos presentados son estimativos, estos pueden variar dependiendo de la importancia que se le dé con el cambio de hábito en sus instalaciones y/o sustitución de equipos.

3.6.3.1 Ubicación de los capacitores.

El banco de capacitares puede colocarse en diferentes lugares,

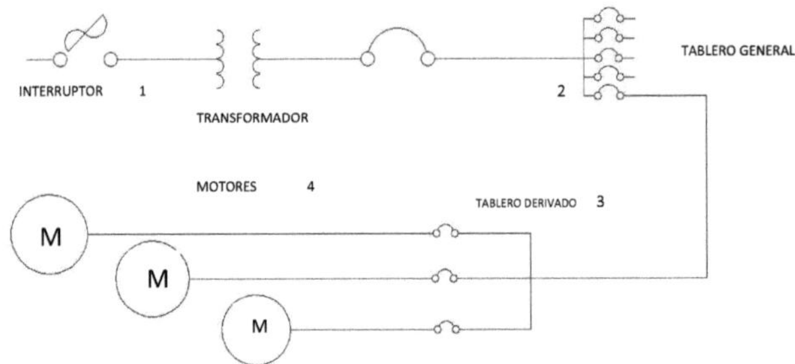

Figura 42 Diagrama unifilar ubicación banco capacitores.

En la posición 4 se compensa el *f.p.* precisamente en el lugar donde se requiere la *potencia reactiva.* De esta manera la sección de los conductores del resto de la instalación puede calcularse sin considerar la corriente reactiva que consume el motor, ya que se está generando en el mismo lugar donde se consume. Sin embargo, el costo de instalación resulta alto si se decide colocar un banco de capacitares para cada motor de una instalación eléctrica donde existan varios motores. La posición 3 es prácticamente igual a la 4.

En las posiciones restantes la colocación del banco de capacitores es en el lado de alta o en el de baja tensión del transformador. Si se opta por la posición con el número 1, la especificación del transformador tiene que incluir la suma de las componentes activa y reactiva de la corriente. Mientras que en la posición
2 sólo circula por él la corriente activa del motor. Esta última solución también constituye una forma para aumentar la capacidad instalada de transformadores por los cuales circula una gran corriente inductiva.

3.6.4. Iluminación

o   Cambiar lámparas T-12 a T5
o   Apagar las luces del edificio que no se usen.

- o Instalación de programadores, o sensores de presencia para reducir el tiempo de uso.
- o Contar con niveles de iluminación permiten mantener un nivel de iluminación bajo cuando no es necesaria una gran intensidad de luz.
- o Utilizar luces exteriores equipadas con fotocélulas o temporizadores, que se apaguen solas durante el día. Y con sensores de presencia para luces de vigilancia.
- o Mantener limpias y en buen estado las lámparas, podría llegar a suponer un ahorro de hasta un 20% en el consumo eléctrico para iluminación, ya que sucia o en mal estado puede llegar a perder hasta un 50% de su luminosidad.

3.6.5. Aire acondicionado.

- o Se le recomienda limpiar los filtros de su equipo cada 30 días.
- o Manejar la temperatura de su equipo a 24 grados la cual es una temperatura de confort con la cual puede estar sin la necesidad del uso de cobertores y con la cual el quipo hará sus descansos de manera adecuada.
- o Mantener puertas y ventanas bien cerradas para impedir que el calor entre a la habitación.

3.6.6. Refrigeración

- o Se recomienda utilizar timers, para los dispensadores de agua y frigobares, para programarlos y que permanezcan prendidos en el horario de oficina.
- o Su refrigerador instálelo lejos de fuentes de calor.
- o No introduzca alimentos calientes.
- o Lo posición correcta del termostato es en el nivel medio.
- o Desconecta el refrigerador y limpia con un paño húmedo el cochambre que se acumula en la parte posterior, por lo menos cada dos meses.

o   Limpia los tubos del condensador ubicados en la parte posterior o inferior del aparato por lo menos dos veces al año.

3.7 CONCLUSIONES DEL DIAGNÓSTICO ENERGÉTICO EMPRESARIAL.

El F.P. promedio es de **87%,** esto quiere decir, que el factor de potencia actual se encuentra fuera de las especificaciones de CFE, en otras palabras este factor de potencia genera recargos en su facturación. Lo más recomendable es mantener un factor de potencial arriba del 90% ya que esto evitara que le generen recargos.

Para corregir este factor de potencia se recomienda instalar en el transformador un banco de capacitores de 120 KVAR con filtros de armónicos para compensar el factor de potencia y hacer más eficiente el sistema eléctrico.

Cabe recalcar que los bancos de capacitores ayudan a corregir el bajo factor de potencia, pero aumentan los armónicos en el sistema, por lo consiguiente los filtros de armónicos ayudaran a que en su sistema eléctrico no entren armónicos y no causen algún inconveniente en sus instalaciones.

Con la implementación de Cambio de Hábito no es necesario invertir para obtener ahorros, este se obtiene al implementar cambios en el horario de trabajo.

Para tener un control de demanda adecuado es necesario consumir la energía necesaria, en el esquema que represente menor costo, sin que este afecte la seguridad, volumen de producción o calidad del producto o servicio.

Se debe encontrar un balance entre lo que se consume y lo que se demanda teniendo en consideración los horarios para tarifa HM como es el caso.

La optimización de procesos es fundamental para una mejora en el control de demanda, se ha detectado que existen procesos que requieren minima cantidad de energía o mejor aún que no requieren de energía eléctrica, en los recorridos dichos procesos son los que se deben identificar para poder reorganizar la línea de producción o la operación del inmueble para obtener beneficios y ahorros económicos

Existen métodos diversos para controlar la demanda, estos ayudan a reducir los costos

- Planeación de la producción.

- Instalación e banco de capacitores 120 KVAR

- Instalación de Timers, en equipos que estén regulados por horarios y así poder evitar que trabajen de mas en tiempo no establecido.

- Instalación de PLC.

- Instalación de sensores, uno de los mas adecuados son los de temperatura estos al estar presentes en los equipos de aire acondicionado pueden ser programados para un control adecuado de la temperatura a la que se desea establecer, se ha establecido que el cuerpo humano se siente en confort a los 24°C .

MEDIDAS DE AHORRO DE ENERGIA (MAE)				
Concepto	Ahorro (kWh/Men)	Importe mensual ($)	Ahorro (kW)	Importe Anual ($)
Cambio de Habito	646	$1,299	-	$7,793.07
control de la demanda	-	$5,601.60	30	$67,219.20
Factor de Potencia	-	$4,914.53	-	$58,974.36
TOTAL	646	$11,814.97	30	$133,986.63

Figura 43 Comparativo estimado de ahorro de energía

3.8 BIBLIOGRAFIA.

1.- Guia de Apoyo al Desarrollo de Diagnósticos Energéticos para Instituciones de Educación Superior (IES)

2.- . Serway, R. (2001). Física, Tomo II. (4ta Ed.)Pearson Educación. 2. Purcell, E. M., Morin D. J. (2013) Electricity and Magnetism. (3ª Ed.) Cambridge University Press.

3. Sears, Z., Young y Freedman.(2009). Física Universitaria Vol.2 (12ª. Ed.). Pearson Educación.

4. Giancoli , D.C. (2008) Física1 Vol.2, (4ª.Ed.). Pearson Educación.

5. Resnick , H. y Krane (2004) Física Vol.2, (5ª Ed.). CECSA.

6. Cabral R., L.G. y Guerrero, R., Laboratorio Virtual de electricidad y Magnetismo, CIIDET.

7. Walter F.(2012). Applets Java de Física: http://www.walter-fendt.de/ph14s/

8. Franco, A., Física con Ordenador, http://www.sc.ehu.es/sbweb/fisica/default.htm

9. Plonus M. A. (1994). Electromagnetismo aplicado. Reverte S. A.

10. Fishbane, P. M., Gasiorowicz S. y Thornton S.T. (1994) Física para ciencias e ingeniería. PrenticeHall Hispanoamericana.

Printed by Books on Demand GmbH, Norderstedt / Germany